物理有魔法

万有引力

起起落落的奥秘

[美]戴维·A.阿德勒/著   [美]安娜·拉夫/绘   彭相珍/译

北 京 出 版 集 团
北 京 出 版 社

当一个球滚出桌子的边缘,会怎么样?
它会落到地上。

为什么它不会径直朝前滚去? 为什么它不会悬浮在空中或从桌子上飞起来呢?

这是因为有**万有引力**!

雪花会从空中飘落,椅子不会飘到空中,都是因为有万有引力。这就是为什么无论我们用多大的力气,把一个橄榄球抛得多高,它都会落回地面。因为地球上有万有引力。

　　艾萨克·牛顿爵士（1643—1727），是英国著名的物理学家，他是第一个发现万有引力的人。据说，在一个夏天，他看到一个苹果从树上掉下来，并对此产生了很大的兴趣。他特别好奇：为什么苹果会掉下来？为什么它不是飘在空中的？还有研究声称，牛顿注意到，距离地面越近，苹果下落的速度就越快。这意味着，有一种力在把苹果往地面拉。

　　这就是万有引力。

万有引力是一种无形的力量，将一个物体拉向另一个物体。它的大小与以下两个因素有关：

1. 两个物体各自的**质量**；

2. 两个物体之间的距离。

两个物体各自的质量越大，相互之间的距离越近，吸引对方的万有引力就越大。

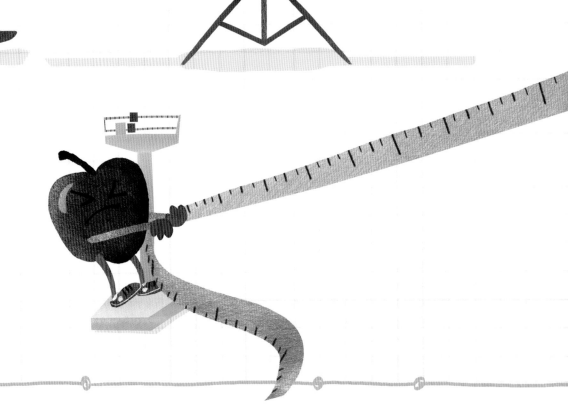

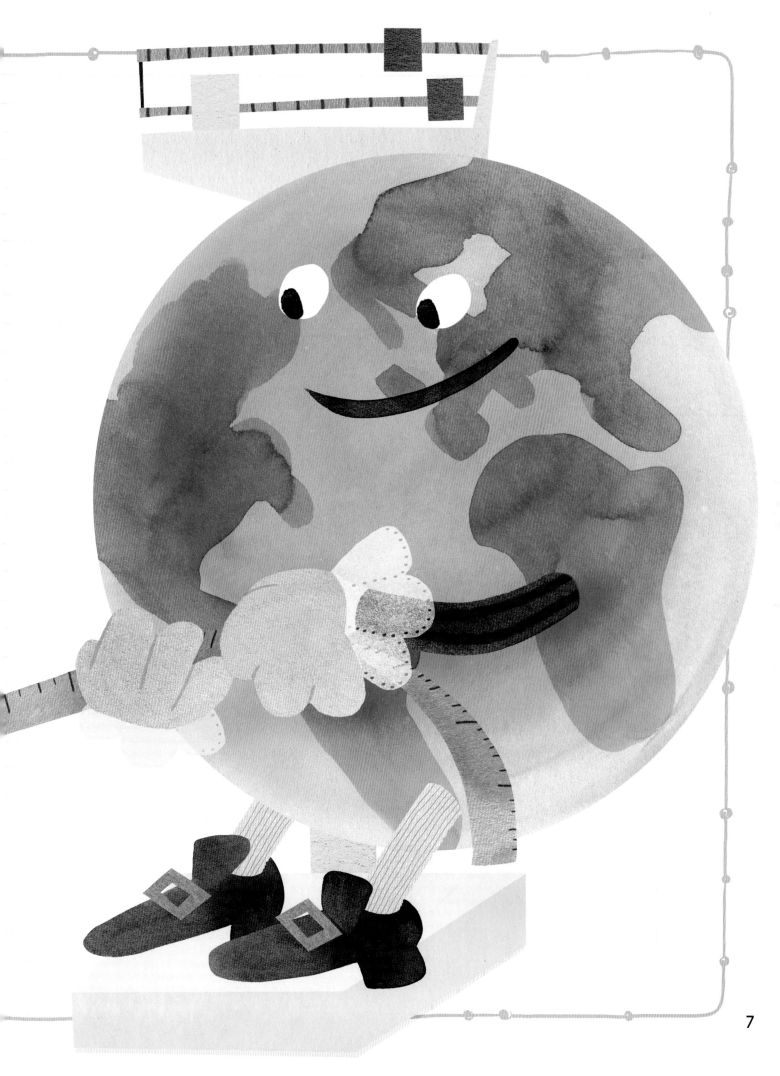

质量是什么呢？质量通常指物体所含**物质**的多少。构成棉花糖和巧克力的物质不同，因此，即使它们大小相同，质量也不一样。

8

当你两手分别拿着一块同样大小的巧克力和棉花糖时，会感觉到巧克力更重。这是因为巧克力的密度更大，所以在大小相同的情况下，它的质量就更大。

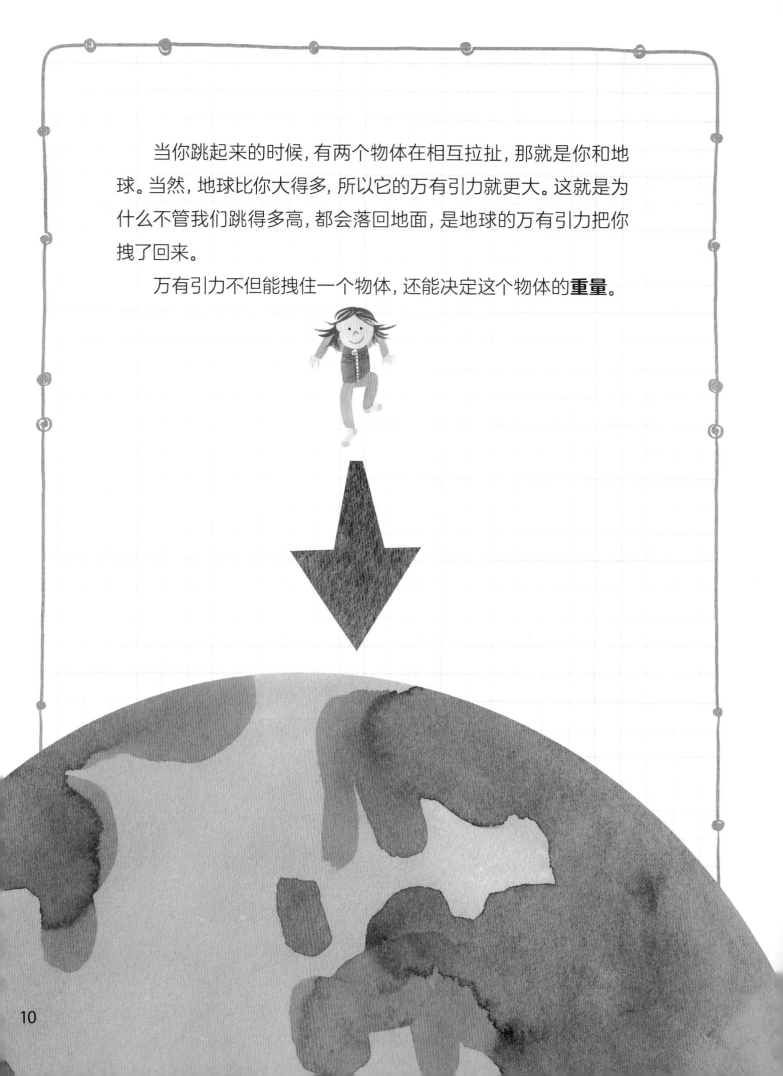

当你跳起来的时候，有两个物体在相互拉扯，那就是你和地球。当然，地球比你大得多，所以它的万有引力就更大。这就是为什么不管我们跳得多高，都会落回地面，是地球的万有引力把你拽了回来。

万有引力不但能拽住一个物体，还能决定这个物体的**重量**。

在给苹果称重时，我们测量的其实是苹果受到的万有引力。苹果和地球的质量，还有它们之间的距离决定了这个力的大小。

　　只要一个物体的大小和密度不变，它的质量就不会改变。但是它的重量可能会发生变化。

　　如果我们把苹果放到月球上称会怎么样呢？月球的质量比地球小得多，所以它的万有引力也比地球小。因此，一个苹果在月球上称出的重量，比它在地球上时要轻。

如果一个苹果在地球上有170克重,那么它在月球上大约就只有28克重。苹果本身的质量并没有改变,但秤上显示的重量却轻了,这是因为苹果受到的万有引力变小了。

月球

火星

金星

水星

地球

木星

土星

天王星

海王星

冥王星

　　太阳、月球、行星和矮行星都有万有引力。星球的体积和密度越大，万有引力就越大。

　　如果你在地球上的体重为45千克，那么你在月球上的体重就只有7千克。你的质量并没有改变，但因为月球的质量比地球小得多，所以你在月球上受到的万有引力也就变小了。

木星的直径大约是地球的11倍，质量也比地球大得多，所以它的万有引力更大。如果你在地球上的体重为45千克，那么你在木星上的体重就会达到114千克。

地球
45千克

木星
114千克

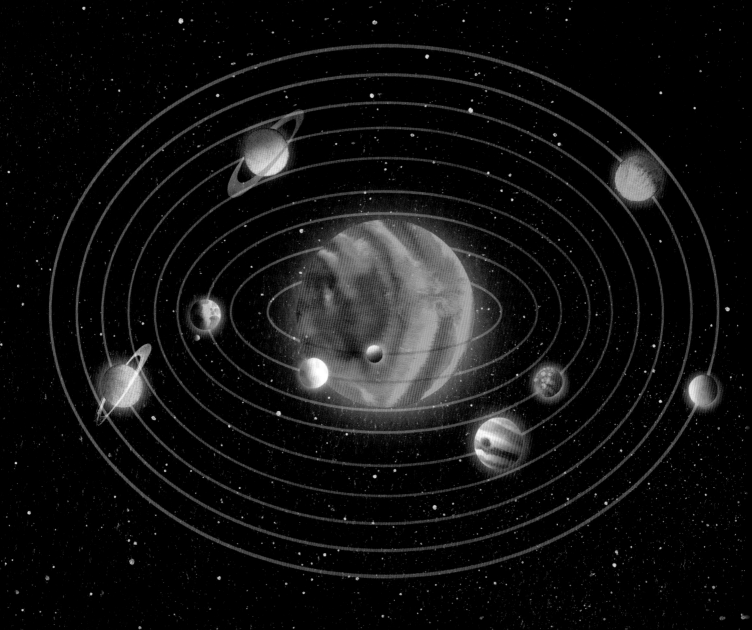

　　太阳的质量是地球的33万倍，所以它的万有引力比地球大得多。如果你在地球上的体重为45千克，那么你在太阳上的体重就可能有1270千克！还是同样的道理，你的质量并没有改变，但在太阳上受到的万有引力却大多了。

　　与地球和太阳系的其他星球相比，太阳的万有引力大得多，所以这些星球才会在各自的**轨道**上绕太阳运行。要不是被太阳的万有引力拉住了，它们早已飞向太空深处。

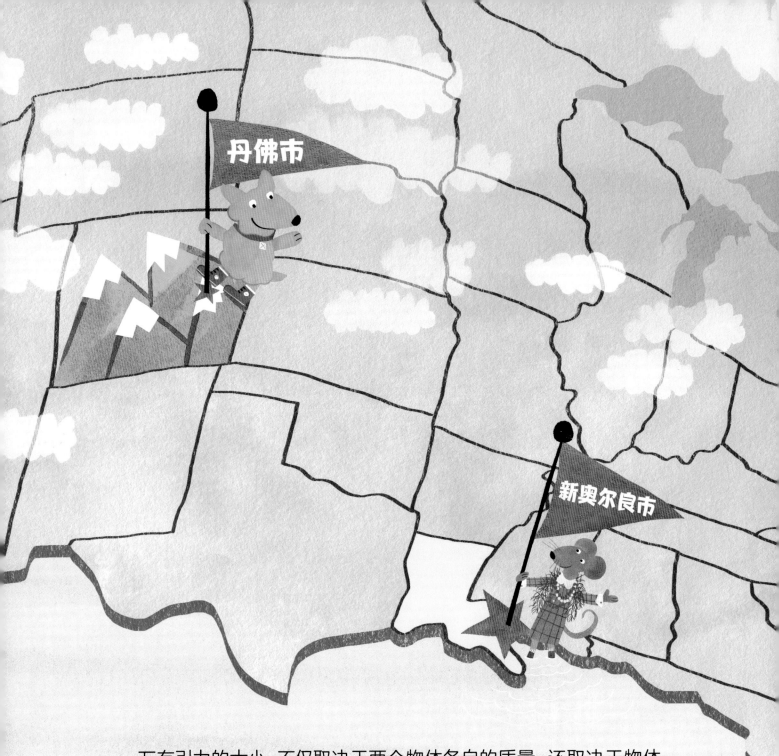

丹佛市

新奥尔良市

　　万有引力的大小，不仅取决于两个物体各自的质量，还取决于物体之间的距离。两个物体间的距离越近，彼此间的万有引力就越大。所以同一个人在美国科罗拉多州丹佛市的体重，比在路易斯安那州新奥尔良市的略轻。新奥尔良市的平均海拔在海平面以下，而丹佛市的平均海拔高达1609米。我们在丹佛市的时候离地心更远，受到的万有引力更小，称出的体重也就更轻。

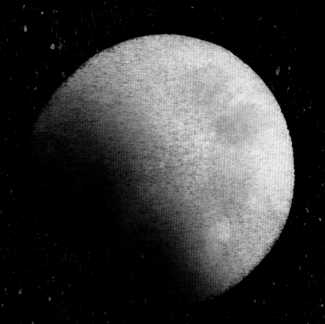

在少云的夜晚，我们在户外一抬头就可以看到天空中的月亮。是什么让月球绕着地球转呢？

也是万有引力。

地球的质量比月球大得多，它的万有引力也就要大上许多。地球的万有引力拉住了月球，让它在月球轨道上绕地球运行。如果失去了地球的万有引力的吸引，月球就会飞向太空深处。

那为什么地球的万有引力不会把月球拉到地面呢？

因为有**惯性**。

　　牛顿也解释过惯性的作用。惯性是指物体保持原有状态的性质。受到惯性的影响，运动的物体在静止下来的瞬间还保持着原本的运动状态，而原本静止的物体在开始运动的刹那还保持着静止状态。

　　如果你遇到过急刹车，那你就已经感受过惯性的力量了。还记得那种猛往前冲的感觉吗？还记得当时护住你的安全带吗？幸好有它，你才没撞到前面的椅背。车子停了下来，但你还在往前冲，还是因为惯性会让你继续保持前进的状态。

做个简单的实验吧。用勺子朝着一个方向搅拌杯子里的水。好了，停下吧。你会发现，把勺子拿出来后，水仍然在朝着一个方向旋转。这就是惯性在发挥作用。

尽管月球的万有引力比地球小很多，但依然会影响地球。去海滩上坐一会儿，也许你就能够观察到月球万有引力对地球的影响了。涨潮和退潮、海平面的周期性上升和下降，都是月球万有引力引起的现象。

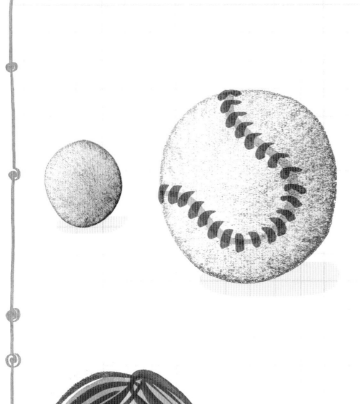

虽然物体的质量不同，但它们受到地球的万有引力几乎一样。我们可以通过一个简单的实验证明这一点。

同时扔下一个乒乓球和一个棒球试试吧。它们会一起落地。

现在，再同时扔下一个棒球和一根羽毛。结果是，它们不会同时落地。这是因为它们受到的万有引力大小不同吗？当然不是。棒球和羽毛是在空气中下落，而不是真空环境。空气会干扰万有引力对物体的作用。羽毛的质量比棒球小，与空气的接触面积却更大，所以空气的阻力对它的影响就更大。

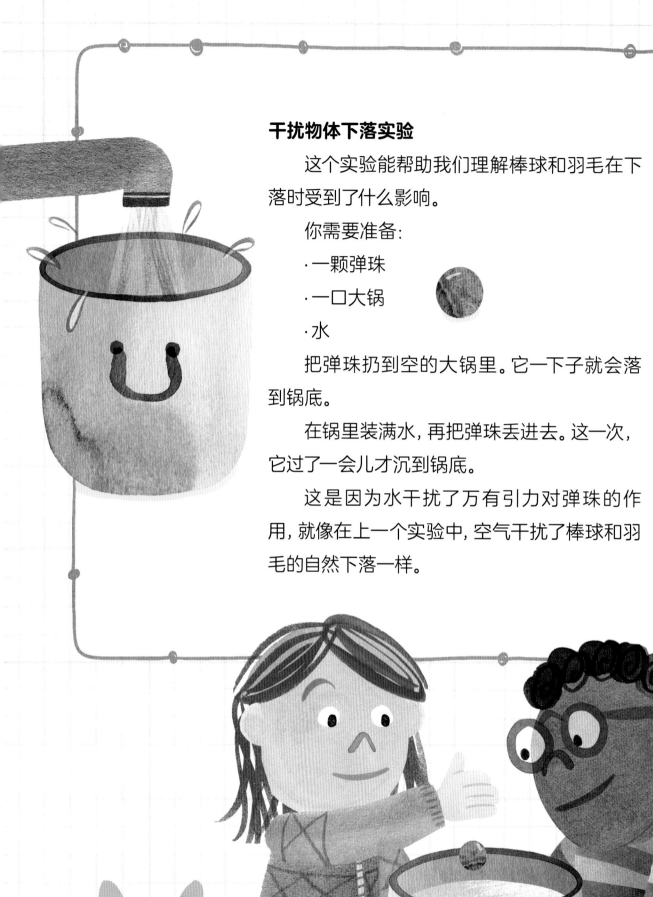

干扰物体下落实验

这个实验能帮助我们理解棒球和羽毛在下落时受到了什么影响。

你需要准备：

· 一颗弹珠

· 一口大锅

· 水

把弹珠扔到空的大锅里。它一下子就会落到锅底。

在锅里装满水，再把弹珠丢进去。这一次，它过了一会儿才沉到锅底。

这是因为水干扰了万有引力对弹珠的作用，就像在上一个实验中，空气干扰了棒球和羽毛的自然下落一样。

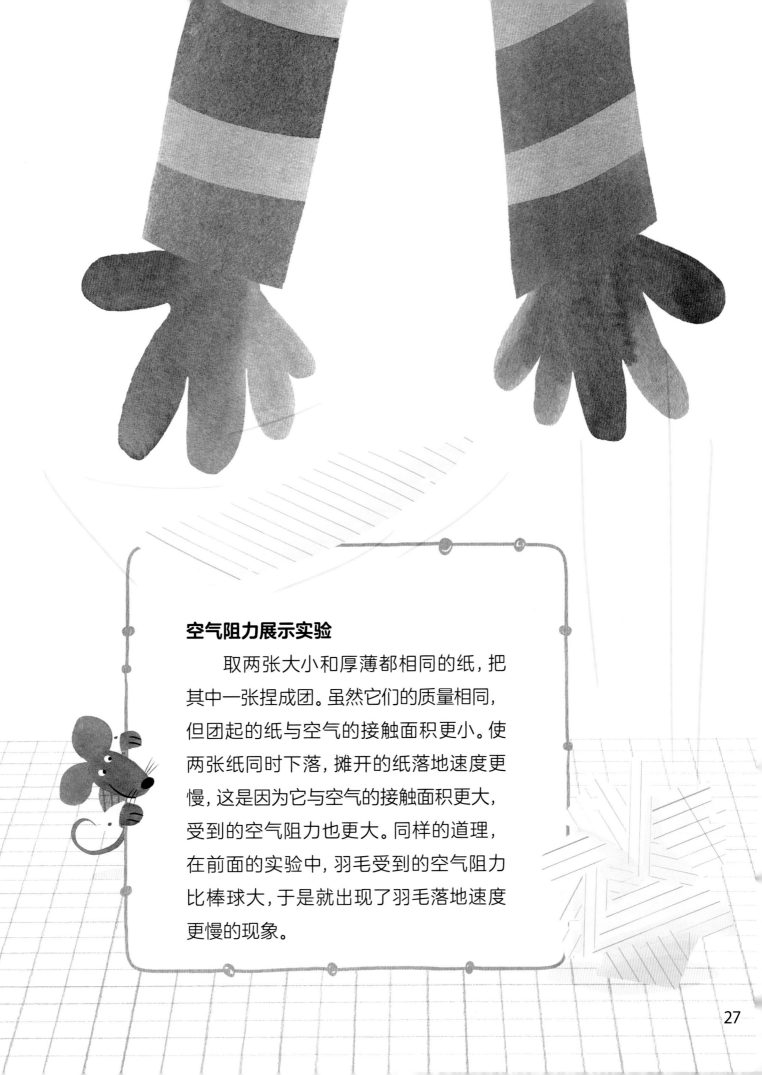

空气阻力展示实验

　　取两张大小和厚薄都相同的纸，把其中一张捏成团。虽然它们的质量相同，但团起的纸与空气的接触面积更小。使两张纸同时下落，摊开的纸落地速度更慢，这是因为它与空气的接触面积更大，受到的空气阻力也更大。同样的道理，在前面的实验中，羽毛受到的空气阻力比棒球大，于是就出现了羽毛落地速度更慢的现象。

物体只受重力作用而从静止开始下落的运动叫做"**自由落体运动**"。

重量不一样的两个物体做自由落体运动,它们会同时落地。美国宇航员大卫·斯科特在月球所做的实验证明了这一点。

斯科特是1971年"阿波罗15号"载人登月飞行任务的指挥官。他站在月球表面,在近似真空的环境中,同时扔下了一把1.36千克的锤子和一根仅0.03千克的羽毛。结果,两个物体以相同的速度下落,同时掉在了月球表面。

　　万有引力让滚向桌边的球、飘扬的雪花，还有跳起来的我们落回地面，可它的作用远不止这些。万有引力是一种基本自然力，它让地球上所有物体都乖乖地留在属于自己的位置上。

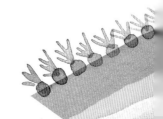

词汇表

万有引力——物体之间的相互吸引的力。

质量——物体所含物质的多少。

物质——任何占据空间并有质量的东西。

重量——物体受到重力的大小。重量随高度或纬度变化而有微小差别。

轨道——天体在宇宙间运行的路线。

惯性——物体保持自身原有运动状态或静止状态的性质。

自由落体运动——物体只受重力作用而从静止开始下落的运动。